BEI GRIN MACHT SICH IHR WISSEN BEZAHLT

- Wir veröffentlichen Ihre Hausarbeit,
  Bachelor- und Masterarbeit

- Ihr eigenes eBook und Buch -
  weltweit in allen wichtigen Shops

- Verdienen Sie an jedem Verkauf

Jetzt bei www.GRIN.com hochladen und kostenlos publizieren

Felix Pitka

Inwiefern ist die Entscheidung des Bundesrates bezüglich der PID für die BRD tragbar?

GRIN Verlag

Bibliografische Information der Deutschen Nationalbibliothek:

Die Deutsche Bibliothek verzeichnet diese Publikation in der Deutschen National-
bibliografie; detaillierte bibliografische Daten sind im Internet über http://dnb.d-
nb.de/ abrufbar.

Impressum:

Copyright © 2011 GRIN Verlag GmbH
Druck und Bindung: Books on Demand GmbH, Norderstedt Germany
ISBN: 978-3-656-07306-2

Dieses Buch bei GRIN:

http://www.grin.com/de/e-book/183157/inwiefern-ist-die-entscheidung-des-bundes-
rates-bezueglich-der-pid-fuer

GRIN - Your knowledge has value

Der GRIN Verlag publiziert seit 1998 wissenschaftliche Arbeiten von Studenten, Hochschullehrern und anderen Akademikern als eBook und gedrucktes Buch. Die Verlagswebsite www.grin.com ist die ideale Plattform zur Veröffentlichung von Hausarbeiten, Abschlussarbeiten, wissenschaftlichen Aufsätzen, Dissertationen und Fachbüchern.

Besuchen Sie uns im Internet:

http://www.grin.com/

http://www.facebook.com/grincom

http://www.twitter.com/grin_com

August-Hermann-Francke-Schule Gießen

Inwiefern ist die Entscheidung des Bundesrates bezüglich der Präimplantationsdiagnostik (PID) für Deutschland tragbar?

Facharbeit
im Fach Biologie

Felix Pitka, 12 A

30. November 2011

Inhaltsverzeichnis

1.0. Einleitung

Die Präimplantationsdiagnostik ist eine der meist kritisierten medizinischen Anwendungen unserer Zeit. Sie umfasst einen sehr weitläufigen Themenkomplex, der von der Diskussion um den Zeitpunkt des Beginns von menschlichem Leben, bis hin zur Frage reicht, ob PID nicht besser sei als eine Abtreibung. Daher bedarf es einer Eingrenzung der Themenstellung für diese Facharbeit. Ich werde mich dabei nicht mit den verfassungsrechtlichen Problemen der Abtreibung auseinandersetzen. Lediglich mit der Vereinbarkeit der PID mit dem Grundgesetz. Desweiteren wird es keine Diskussion über die Biomedizin und embryonale Stammzellenforschung geben. Auch kann nicht die Frage geklärt werden, ab wann menschliches Leben existiert, da sonst der Umfang den Rahmen dieser Arbeit sprengen würde. Es handelt sich zudem um eine fächerübergreifende Arbeit, daher soll auch von der Gesetzgebungsphase berichtet werden. In dieser Facharbeit sollen die biologischen Aspekte und die Funktionsweise der Präimplantationsdiagnostik erklärt werden. Außerdem sollen sowohl Chancen, als auch Risiken der PID wertfrei aufgezeigt werden. Zudem soll die Rolle des Deutschen Ethikrates aufgeklärt werden sowie über die Entscheidungen des Deutschen Bundestages und des Bundesrates berichtet werden. Außerdem soll die Zulässigkeit der PID am Grundgesetz der Bundesrepublik Deutschland gemessen werden.

Die Frage von der Verfahrensweise mit der Präimplantationsdiagnostik ist eine der dringendsten Themen dieser Zeit, die uns alle betrifft. Ich fühlte mich zu diesem, nicht ganz einfachen, Thema besonders hingezogen, da biologische Forschungsstände mit politischen Diskussionen und ethischen Fragen gepaart sind und mich die Klärung dieser Frage besonders interessiert.

2.0. Biologische Aspekte

2.1. Was ist Präimplantationsdiagnostik?

Bei der Präimplantationsdiagnostik (PID) werden die mittels künstlicher Befruchtung entstandenen menschlichen Embryonen bereits vor (lat. prae) der Einpflanzung (Implantation) in die Gebärmutter auf Gendefekte hin untersucht. Liegen genetische Defekte bei dem Embryo vor, so besteht die Möglichkeit, diesen nicht in die Gebärmutter einzusetzen. Dadurch können bereits vor Einleitung der Schwangerschaft Fehl- und Totgeburten sowie die Weitergabe von besonders schweren Erbkrankheiten an das zukünftige Kind verhindert werden.[1] Außerdem können durch die PID verschiedene Merkmale des Embryos bestimmt werden.

2.2. Ablauf und Voraussetzungen

Voraussetzung für eine Präimplantationsdiagnostik ist die künstliche Befruchtung. Bevor eine PID vorgenommen werden kann, muss bei der Frau eine Hormonbehandlung durchgeführt werden, damit es zur vermehrten Eizellen-Produktion kommt. Danach werden die Eizellen mittels eines operativen Eingriffes entfernt, dabei werden „die Eizellen aus den Follikeln des Eierstocks abgesaugt"[2] und diese im Labor künstlich mit den Samenzellen befruchtet. Dies nennt man In-vitro-Fertilisation (lat. für: „Befruchtung im Glas"[3]).

Etwa am dritten Tag nach der Befruchtung, im Acht-Zell Stadium, werden ein bis zwei embryonale Zellen entfernt und auf Erbkrankheiten und Chromosomenanomalien[4] untersucht. Dies nennt man Blastomerenbiopsie, die in Deutschland verboten ist, da die Zellen noch totipotent sein können und den rechtlich gleichen Status haben wie ein Embryo.[5] In Deutschland erlaubt ist die Methode der Blastozystenbiopsie. Dabei „werden einem etwa fünf Tage alten Embryo, der bereits das Blastozystenstadium erreicht hat, mehrere Zellen aus

---

[1] Deutscher Bundestag (2011), S. 3
[2] Stellungnahme des Deutschen Ethikrates zur Präimplantationsdiagnostik, Berlin 2011, http://www.ethikrat.org/dateien/pdf/stellungnahme-praeimplantationsdiagnostik.pdf. S. 23 [19.10.2011]
[3] Stichwort „Präimplantationsdiagnostik". In: Lexikon der Biologie. *11. Band Phallaceae bis Resistenzzüchtung*. Heidelberg (Spektrum). S. 239
[4] Deutscher Ethikrat (2011), S. 28
[5] Deutscher Ethikrat (2011), S. 14

der äußeren Zellschicht (Trophoblast) entnommen"[6]. Das hat den Grund, dass die embryonalen Zellen am fünften Tag nicht mehr totipotent[7] sind. Soweit die Diagnostik vor der Implantation. Danach folgt schlussendlich ein Ausschlussverfahren, bei dem alle Embryonen, die eine Erbkrankheit aufweisen könnten, aussortiert werden. Alle, nach diesem Verfahren, unbedenklichen Embryonen können nun eingepflanzt werden.

2.3. Welche Erfolgsaussichten und Risiken hat die PID?

Bei dem Gesamtvorgang der Präimplantationsdiagnostik bestehen für Frau und Kind gewisse Risiken, die vorher mit den Chancen der PID abgewogen werden müssen.

Die PID birgt die Chance, dass Paare, trotz schwerer genetischer Vorbelastungen, nach einer präimplantiven Untersuchung gesunde Kinder bekommen können. Außerdem kann durch die PID eine mögliche Abtreibung verhindert werden, da sie im Vorfeld der Schwangerschaft Aufschluss über eine gewisse Behinderung geben kann, die die Eltern sonst veranlassen würde, zum Mittel der Abtreibung zu greifen.

Bevor es allerdings zu einer PID kommen kann, muss eine Hormonbehandlung sowie die Entnahme der Eizellen stattfinden. Beides kann für die Frau eine Gefahr darstellen, z.B. kann es bei der Eizellenentnahme zu Blutungen, Verletzungen und Infektionen kommen. Auch die Hormonbehandlung, um eine Stimulation zur vermehrten Eizellenproduktion zu erreichen, bringt Nebenwirkungen mit sich. Laut dem Deutschen IVF-Register (DIR) wurden im Jahr 2009 insgesamt 54.239 Hormonbehandlungen durchgeführt, um eine Stimulation zur vermehrten Eizellenproduktion zu erreichen. In 3.246 Fällen war eine Hormonbehandlung nicht erfolgreich. In einer Stellungnahme der Bundesvereinigung „Lebenshilfe" im Januar 2011 heißt es, dass ein Drittel der Frauen nach mehreren Zyklen künstlicher Befruchtung ein Kind zur Welt

---

[6] Stellungnahme des Deutschen Ethikrates zur Präimplantationsdiagnostik, Berlin 2011, http://www.ethikrat.org/dateien/pdf/stellungnahme-praeimplantationsdiagnostik.pdf. S. 14 [19.10.2011]
[7] Fachworterklärung befindet sich im Anhang

bringen, davon aber ein Drittel zu früh geboren wird, was mit gesundheitlichen Risiken verbunden sei.[8] Nach einer künstlichen Befruchtung ist unabhängig von der PID zudem die Wahrscheinlichkeit größer, dass Mehrlinge entstehen. Im Jahr 2009 lag die Chance, dass nach einer künstlichen Befruchtung Zwillinge entstehen bei 21%. Der Deutsche Ethikrat schreibt in seiner Stellungnahme zur PID dass Mehrlingsschwangerschaften immer Risikoschwangerschaften seien.[9] Er stellt außerdem fest, dass auch Risiken für die Neugeborenen existieren. Dazu gehören die „Frühgeburtlichkeit (vor Vollendung der 37. Woche), niedriges Geburtsgewicht unter 2.500 g, [...], Atemnotsyndrom des Neugeborenen sowie eine bleibende, schwere Behinderung."[10] Jedoch ist bisher nicht geklärt, so der Ethikrat weiter, warum es zu diesen Risikoerhöhungen kommt. Der Deutsche Ethikrat stellt des weiteren fest, dass „auch das Alter der behandelten Frau [...] eine wichtige Rolle"[11] spiele. Ferner scheint es laut Deutschem Ethikrat bereits Berichte von ausländischen Studien zu geben, die Hinweise liefern, dass Embryonen, denen Zellen für die PID entnommen werden[12], „geschädigt bzw. in ihrer Entwicklungsfähigkeit eingeschränkt werden."[13] Dies kann jedoch nicht genau bestätigt werden, da in anderen Ländern, in denen die Blastomerenbiopsie erlaubt ist, den Embryonen schon während der Totipotenz der Zellen solche entnommen werden. Möglicherweise entstehen nur Schäden für den Embryo, wenn ihm vor dem Blastozystenstadium Zellen zur PID entnommen werden. Keinesfalls ist sichergestellt, dass nach einer PID keine Gendefekte und Chromosomenanomalien bei dem Neugeborenen vorliegen, die eine schwere Krankheit nach sich ziehen. Die PID schließt überdies nicht aus, dass es danach dennoch zur Abtreibung kommt.

---

[8] Lochner (2011)

[9] Deutscher Ethikrat (20119, S. 24

[10] Stellungnahme des Deutschen Ethikrates zur Präimplantationsdiagnostik, Berlin 2011, http://www.ethikrat.org/dateien/pdf/stellungnahme-praeimplantationsdiagnostik.pdf. S. 25 [19.10.2011]

[11] Stellungnahme des Deutschen Ethikrates zur Präimplantationsdiagnostik, Berlin 2011, http://www.ethikrat.org/dateien/pdf/stellungnahme-praeimplantationsdiagnostik.pdf. S. 170 [19.10.2011]

[12] Deutscher Ethikrat (20119, S. 28

[13] Stellungnahme des Deutschen Ethikrates zur Präimplantationsdiagnostik, Berlin 2011, http://www.ethikrat.org/dateien/pdf/stellungnahme-praeimplantationsdiagnostik.pdf. S. 28 [19.10.2011]

3.0. Welche Verantwortung hat der Deutsche Ethikrat in dieser Frage?

Der Deutsche Ethikrat wurde durch das Ethikratgesetz (EthRG) vom 16. Juli 2007 ins Leben gerufen und ist ein unabhängiger Sachverständigenrat. Er besteht aus 26 Wissenschaftlerinnen und Wissenschaftlern, die „ethische, gesellschaftliche, naturwissenschaftliche, medizinische und rechtliche Fragen"[14] verfolgen und über deren Folgen für „Individuum und Gesellschaft"[15] beraten. „Der Deutsche Ethikrat ist in seiner Tätigkeit unabhängig"[16]. Außerdem verfasst der Ethikrat im Auftrag des Deutschen Bundestag und der Bundesregierung Stellungnahmen und gibt Empfehlungen für „politisches und gesetzgeberisches Handeln"[17] ab. Die Experten des Deutschen Ethikrates, die nicht selten den Professorenrang inne haben, sind aufgrund ihrer hohen Qualifikation bestens über biologische und naturwissenschaftliche Vorgänge informiert. Der Ethikrat soll die Bürgerinnen und Bürger von seiner Arbeit informieren und mit seinen Beiträgen die politische Diskussion fördern. Die Mitglieder des Deutschen Ethikrates haben in ihrer Stellung als Berater der Bundesregierung und des Deutschen Bundestages eine große Verantwortung für Politik und Gesellschaft, weil die Abgeordneten des Bundestages und des Bundesrates der Empfehlung des Deutschen Ethikrates. Zwar sind die Empfehlungen des Ethikrates für das Parlament nicht bindend, jedoch haben sie ein großes Gewicht in der politischen Debatte. Speziell in der Frage, ob die PID in Deutschland erlaubt sein soll oder nicht, hat der Ethikrat eine exorbitante Verantwortung für Generationen in der Bundesrepublik.

4.0. Rechtslage vor dem PID-Gesetz des Bundestages

Der Bundesgerichtshof hat in seinem Urteil vom 6. Juli 2010 bezüglich der Anwendung der PID verkündet, dass unter bestimmten Umständen eine

---

[14] Deutscher Ethikrat. *Auftrag*. http://www.ethikrat.org/ueber-uns/auftrag [09.11.2011]
[15] Deutscher Ethikrat. *Auftrag*. http://www.ethikrat.org/ueber-uns/auftrag [09.11.2011]
[16] Deutscher Ethikrat. *Gesetz, BGBl. I S. 1385*. http://www.ethikrat.org/ueber-uns/ethikratgesetz [09.11.2011]
[17] Deutscher Ethikrat. *Auftrag*. http://www.ethikrat.org/ueber-uns/auftrag [09.11.2011]

Straffreiheit besteht. Lange vorher gab es in der Diskussion um die PID einen politischen Konsens, dass „die PID durch das Embryonenschutzgesetz verboten ist."[18] In diesem Tenor äußerten sich auch die Enquete-Kommission des Deutschen Bundestages und der Nationale Ethikrat in ihren Stellungnahmen aus den Jahren 2002 und 2003. Dies sind Gründe dafür, dass es bis zur Urteilsverkündung des Bundesgerichtshofes 2010 noch keine genauen Bestimmungen, Regeln oder Gesetze zur PID gab. In § 8 des ESchG ist festgehalten, dass ab der Totipotenz einer embryonalen Stammzelle, aus der ein eigenständiger Embryo heranwachsen könnte, diese rechtlich „den gleichen Status wie ein Embryo"[19] hat. Der BGH stellte in seinem Urteil klar, dass „eine PID an totipotenten Zellen in § 2 Abs. 1 und § 6 Abs. 1 ESchG, jeweils in Verbindung mit § 8 Abs. 1 ESchG, eindeutig untersagt [...] ist."[20] Zwar ist das Urteil des Bundesgerichtshofs vom 6. Juli 2010 für den Gesetzgeber nicht bindend, allerdings bedurfte es einer gesetzlichen Regelung, um betreffenden Paaren und behandelnden Ärzten Sicherheit zu geben.

5.0. Gesetzesentwürfe des Deutschen Bundestages zur Verfahrensweise mit der PID in Deutschland

Daraufhin wurden von den Abgeordneten des Deutschen Bundestages drei verschiedene Gesetzesentwürfe zur Lösung des bestehenden Problems vorgelegt. Die Abgeordneten des Bundestages wurden für die Abstimmung über die PID von der sogenannten „Fraktionsdisziplin" entbunden und waren einzig ihrem Gewissen verpflichtet. Es kam zu fraktionsübergreifenden Meinungen und Positionen.

---

[18] Deutscher Bundestag. *Gesetzesentwurf zur begrenzten Zulassung der PID. Drucksache 17/5452. 12.04.2011.* S. 1. http://dipbt.bundestag.de/dip21/btd/17/054/1705452.pdf [18.10.2011]
[19] Stellungnahme des Deutschen Ethikrates zur Präimplantationsdiagnostik, Berlin 2011, http://www.ethikrat.org/dateien/pdf/stellungnahme-praeimplantationsdiagnostik.pdf. S. 8 [19.10.2011]
[20] Stellungnahme des Deutschen Ethikrates zur Präimplantationsdiagnostik, Berlin 2011, http://www.ethikrat.org/dateien/pdf/stellungnahme-praeimplantationsdiagnostik.pdf. S. 8 [19.10.2011]

5.1. Vergleich der Gesetzesentwürfe

Keine Fraktion des Bundestages vertrat geschlossen eine Meinung, wie man mit der Causa PID umgehen sollte. Der Gesetzesentwurf zum Verbot der PID befasste sich mit dem Lösungsansatz, die PID konsequent und ohne jegliche Einschränkungen zu verbieten und deren Durchführung unter Strafe zu stellen. Wohl bekannteste Vertreterin dieser Lösung war die Bundeskanzlerin der Bundesrepublik Deutschland Dr. Angela Merkel. Die Gesetzesentwürfe zur „*begrenzten Zulassung der PID*" und der „*Regelung der PID*" beschäftigten sich mit einer Ergänzung des Embryonenschutzgesetzes. Diese sollen hier weiter erläutert werden: Die Gesetzesvorlage zur *begrenzten Zulassung der PID*, „wonach die genetische Untersuchung eines Embryos im Rahmen einer künstlichen Befruchtung grundsätzlich verboten ist"[21], würde die PID nur zulassen, wenn durch die genetische Veranlagung der Eltern mit einer Fehl- oder Totgeburt zu rechnen ist oder es zum Tod des Kindes im ersten Lebensjahr kommen könnte.[22]

Die Gesetzesvorlage zur *Regelung der PID* hält die PID in „Ausnahmesituationen"[23] für „zulässig".[6] Während bei dem Entwurf zur begrenzten Zulassung der PID diese nur durchgeführt werden dürfte, wenn es mit hoher Wahrscheinlichkeit zu einer Tot- oder Fehlgeburt kommen würde, erlaubt die Gesetzesvorlage zur Regelung der PID diese außerdem, wenn ein oder beide Elternteile die Veranlagung für eine schwerwiegende Erbkrankheit in sich tragen, die mit großer Wahrscheinlichkeit dem Kind vererbt werden würde.[24]

Weitere Voraussetzungen für die Durchführung der PID ist – in beiden Gesetzesentwürfen – eine verpflichtende Beratung sowie das positive Votum einer unabhängigen Ethikkommission.[25] Außerdem sehen beide

---

[21] Deutscher Bundestag. *Gesetzesentwurf zur begrenzten Zulassung der PID. Drucksache 17/5452. 12.04.2011.* S. 2. http://dipbt.bundestag.de/dip21/btd/17/054/1705452.pdf [18.10.2011]
[22] Deutscher Bundestag (2011), S. 2
[23] Deutscher Bundestag. *Gesetzesentwurf zur Regelung der PID. Drucksache 17/5451. 12.04.2011.* S. 3. http://dipbt.bundestag.de/dip21/btd/17/054/1705451.pdf [18.10.2011]
[24] Deutscher Bundestag (2011), S. 3
[25] Deutscher Bundestag (2011), S. 2

Gesetzesvorlagen vor, dass die PID nur an lizenzierten Zentren vorgenommen werden darf.

6.0. Entscheidung des Deutschen Bundestages zur PID

Am 7. Juli 2011 verabschiedete der Deutsche Bundestag ein Gesetz zur „umstrittenen Präimplantationsdiagnostik"[26]. Insgesamt stimmten 326 der 621 Abgeordneten im Deutschen Bundestag für den fraktionsübergreifenden Gesetzesentwurf zur bereits erwähnten „Regelung der PID"[27]. Vorausgegangen war eine über vier Stunden andauernde, sehr emotionale[28] Debatte, in der laut heute.de sogar Tränen geflossen sein sollen[29].

7.0. Entscheidung des Bundesrates zur PID

Die Bundesländer billigten in der Bundesratssitzung vom 23.September 2011 in Berlin die Gesetzesempfehlung der Bundestags zur „Regelung der PID". Das endgültige Gesetz sieht vor, die PID nur in Ausnahmefällen zu gestatten, wenn nach einem positiven Votum einer „interdisziplinär zusammengesetzten Ethik-Kommission"[30] mindestens ein Elternteil mit einer „schwerwiegenden"[31] Erbkrankheit veranlagt ist oder „mit einer Tot- oder Fehlgeburt zu rechnen ist"[32]. Außerdem sollen die Eltern im Vorfeld der PID verpflichtend über den Vorgang aufgeklärt und beraten werden. Ferner soll bei beiden Partnern eine „sorgfältige Diagnostik nach strengen Kriterien erfolgen."[33] Laut Gesetzgeber solle die PID nur an „lizensierten Zentren

---

[26] Spiegel Online, *Entscheidung über PID. Bundestag erlaubt Gentests bei Embryos.*
http://www.spiegel.de/wissenschaft/medizin/0,1518,772905,00.html [01.11.11]
[27] Deutscher Bundestag. *Gesetzesentwurf zur Regelung der PID. Drucksache 17/5451.*
12.04.2011. S. 3. http://dipbt.bundestag.de/dip21/btd/17/054/1705451.pdf [18.10.2011]
[28] Spiegel Online (2011)
[29] heute.de (2011)
[30] Bundesrat, Bundesanzeiger: *Gesetzesbeschluss des Deutschen Bundestages. Gesetz zur Regelung der Präimplantationsdiagnostik. Drucksache 480/11. 02.09.11* http://www.umwelt-online.de/PDFBR/2011/0480_2D11.pdf [17.10.2011]. S. 1
[31] Bundesrat, Bundesanzeiger: *Gesetzesbeschluss des Deutschen Bundestages. Gesetz zur Regelung der Präimplantationsdiagnostik. Drucksache 480/11. 02.09.11.* S. 1
[32] Bundesrat, Bundesanzeiger: *Gesetzesbeschluss des Deutschen Bundestages. Gesetz zur Regelung der Präimplantationsdiagnostik. Drucksache 480/11. 02.09.11.* S. 1
[33] Bundesrat, Bundesanzeiger: *Gesetzesbeschluss des Deutschen Bundestages. Gesetz zur Regelung der Präimplantationsdiagnostik. Drucksache 480/11. 02.09.11.* S. 1

vorgenommen werden"[34], um „einen hohen medizinischen Standard zu
gewährleisten."[35]

8.0. Lässt sich die PID mit den Grundrechten des Grundgesetzes vereinbaren?

Das Grundgesetz der Bundesrepublik Deutschland sichert allen deutschen
Bundesbürgerinnen und Bundesbürgern unverletzliche und unveräußerliche
Rechte zu. Die Menschenrechte dienen „als Grundlage jeder menschlichen
Gemeinschaft, des Friedens und der Gerechtigkeit in der Welt."[36] In Artikel 1
GG wird die Unantastbarkeit der Menschenwürde garantiert. Dieser Artikel des
Grundgesetzes ist sicherlich beeinflusst von den Erfahrungen aus der Zeit des
Dritten Reichs. Möglicherweise ist dieser Artikel deshalb so weit vorn im
Grundgesetz angesiedelt. Durch den Zusatz: „Sie zu achten und zu schützen ist
Verpflichtung aller staatlichen Gewalt"[37] wird diese Unantastbarkeit noch
weiter verstärkt. Ab wann die Menschenwürde wirklich gilt, ist in diesem
Artikel nicht festgehalten und überlässt einen weiten Interpretationsspielraum.
Jedoch wird der Beginn der Menschenwürde schon in Artikel 2 GG genau
definiert. Das Grundgesetz garantiert nämlich in Artikel 2, dass jeder Mensch
„das Recht auf Leben und körperliche Unversehrtheit" hat. Im Hinblick auf die
Geburt eines Kindes, dass es laut Artikel 2 GG unter allen Umständen ein
Recht darauf hat, geboren zu werden und dass die Menschenwürde schon mit
der Befruchtung der Eizelle beginnt. Der BGH hat in seinem Urteil dazu
festgehalten, dass die Zelle während der Totipotenz – also unmittelbar nach der
Befruchtung der Eizelle – den rechtlich gleichen Status hat, wie ein Embryo.
Daher darf in Deutschland die PID in diesem Stadium nicht vorgenommen

---

[34]Bundesrat, Bundesanzeiger: *Gesetzesbeschluss des Deutschen Bundestages. Gesetz zur Regelung der Präimplantationsdiagnostik. Drucksache 480/11. 02.09.11. S. 1*
[35] Bundesrat, Bundesanzeiger: *Gesetzesbeschluss des Deutschen Bundestages. Gesetz zur Regelung der Präimplantationsdiagnostik. Drucksache 480/11. 02.09.11* http://www.umwelt-online.de/PDFBR/2011/0480_2D11.pdf [17.10.2011]. S. 2
[36] Grundgesetz für die Bundesrepublik Deutschland. Hrsg von der Bundeszentrale für politische Bildung. Bonn, August 2006. Artikel 1 GG (2), S. 11
[37] Grundgesetz für die Bundesrepublik Deutschland. Hrsg von der Bundeszentrale für politische Bildung. Bonn, August 2006. Artikel 1 GG (1), S. 11

werden, während der Pluripotenz[38] jedoch schon. Die PID ist unbestritten ein Verfahren, das die gezielte Selektion von Embryonen bewirkt, die eine mögliche Behinderung aufweisen. Diese Selektion widerspricht dem Grundgesetz, denn in Artikel 3 GG heißt es im dritten Absatz, dass niemand wegen seiner Behinderung benachteiligt werden darf.[39] Außerdem hat laut Artikel 2 GG jeder das Recht, auf die freie Entfaltung seiner Persönlichkeit, soweit er nicht die Rechte anderer verletzt.[40] Mit der PID wird die Lebensgarantie, die das Grundgesetzes ausspricht, von Behinderten verletzt, da Embryos mit dem Verdacht auf eine Behinderung schon aussortiert werden dürfen. Natürlich muss unterschieden werden zwischen der präimplantiven Diagnostik und dem selektiven Vorgang nach der Diagnostik. Aufgrund dieser eindeutigen Belege ist die Selektion nach der Diagnostik mit dem Grundgesetz der Bundesrepublik Deutschland nicht vereinbar, die reine Untersuchung vor der Implantation jedoch schon, da sie kein Grundrecht verletzt. Da beides aber zu dem Gesamtvorgang der PID zählt, ist die Vereinbarkeit der PID jedoch sehr zweifelhaft.

9.0. Inwiefern kann den Eltern diese Entscheidung überlassen werden?

In der Bundesrepublik gilt entsprechend dem Grundgesetz, dass jeder Mensch das Recht auf freie Entfaltung seiner Persönlichkeit hat. Dazu gehört dann auch die Entscheidung der Eltern für oder gegen ein Kind, der Zeitpunkt der Schwangerschaft und die Anzahl der Kinder. All diese Fragen liegen in der Kompetenz der einzelnen Paare. Falls Paare auf natürlichem Weg keine Kinder bekommen können, besteht die Möglichkeit zur künstlichen Befruchtung. Dabei ist zu beachten, dass man hierbei einen unnatürlichen Weg beschreitet, der die in Punkt 2.3. aufgeführten Risiken aufweist.

---

[38] Fachworterklärung befindet sich im Anhang
[39] Grundgesetz für die Bundesrepublik Deutschland. Hrsg von der Bundeszentrale für politische Bildung. Bonn, August 2006. Artikel 3 GG (3), Seite 11
[40] Grundgesetz für die Bundesrepublik Deutschland. Hrsg von der Bundeszentrale für politische Bildung. Bonn, August 2006. Artikel 2 GG (1), Seite 11

Für Eltern mit einem schwerbehinderten Kind ist die eigene freie Entfaltung sicherlich nicht einfach. Aber was passiert, wenn alle Eltern, die eine genetische Vorbelastung haben, alles Leben das entsteht, auch wenn es auf ein behindertes Kind hinauslaufen sollte, aussortieren könnten? Alle Eltern, die dies nicht tun, würden evtl. sich immer wieder die Frage gefallen lassen müssen, warum sie in diesem Fall nicht abgetrieben haben. Behinderte würden aus der Gesellschaft ausgestoßen werden, anstatt integriert zu werden und möglicherweise doch ein erfülltes Leben gehabt zu haben. Es würde zu einer regelrechten Diskriminierung von Behinderten in unserer Gesellschaft kommen. Die PID ist eine Untersuchung nach deren diagnostischen Erfolg die Entscheidung getroffen werden kann, welche Embryonen in den Mutterleib eingesetzt werden und welche nicht. Das ist letztendlich ein Verfahren der Selektion, dem gezielten Aussuchen, welcher Embryo die besten Chancen auf ein gesundes Leben, dem Vermeiden einer bestimmten Krankheit, dem Geschlecht, gutem Aussehen, oder Ähnlichem hat.

Andererseits bleibt die Frage, ob nicht bei allem Schutz von Kindern mit leichter bis hin zu sehr schwerer Behinderung nicht auch auf die Rechte der Eltern dieser Kinder geachtet werden muss. Sicherlich ist es nicht leicht, wenn nicht sogar sehr schwer für Eltern, ihre behinderten Kinder besonders zu pflegen und zu betreuen, auch noch weit ins hohe Alter hinein. Diese Aufgabe kann dazu führen, dass die Eltern ihre eigenen Interessen und in einigen Bereichen ihre Selbstverwirklichung weitgehend zurückstellen müssen, was eine schwere Belastung darstellen kann. Der normale Weg, dass Eltern nach der Volljährigkeit der Kinder weniger bis gar keine Sorge mehr für diese tragen müssen, da sie möglicherweise schon ausgezogen sind oder eine eigene Familie haben, ist nicht möglich. Das Grundgesetz macht an dieser Stelle jedoch eine wichtige Ausnahme: In Artikel 2 GG steht geschrieben, dass jeder Mensch das Recht auf freie Entfaltung hat, solange er nicht die Rechte anderer verletzt[41]. Nämlich das Recht der Eltern, wie jenes des ungeborenen Lebens. Somit steht fest, dass etwas, was besonders schützenswert ist – und das ist der

---

[41] Grundgesetz für die Bundesrepublik Deutschland. Hrsg von der Bundeszentrale für politische Bildung. Bonn, August 2006. Artikel 2 GG (1), Seite 11

Embryo allemal – laut Grundgesetz auch geschützt werden muss, zumal der Embryo sein Recht auf Leben noch nicht alleine geltend machen kann.

Der deutsche Rechtsstaat muss den Eltern natürlich die Entscheidung, für oder gegen ein Kind, den Zeitpunkt der Schwangerschaft und die Anzahl der Kinder freistellen. Er darf aber die Entscheidung zur gezielten Selektion, die zweifellos bei dem Verfahren der PID geschieht, aufgrund der besonderen Verantwortung, das Leben des Ungeborenen zu schützen, nicht abgeben und muss diese Entscheidung weitgehend für die Eltern eingrenzen, bzw. an einige Bedingungen, wie die verpflichtende Beratung knüpfen.

10.0. Zusammenfassung

Die Präimplantationsdiagnostik hat die Chance auf Verhinderung von Todgeburten und schweren Erbkrankheiten, aber auch das Risiko von Krankheiten und Schäden, die durch die Zellentnahme möglicherweise verursacht werden. Auch kann man nicht grundsätzlich sagen, dass nach der PID nicht doch eine Behinderung des Kindes auftritt. Zudem bestehen gewissen Risiken für Frau und Kind im Zuge des gesamten Vorgangs der PID, der die künstliche Befruchtung mit einschließt. Es kann festgehalten werden, dass nach dem Urteil des Bundesgerichtshofs eine Regelung nötig war. Die Entscheidungen des Bundestags und des Bundesrats gehen – genauso wie die Empfehlungen des Deutschen Ethikrates – in die Richtung des grundsätzlichen Verbots der PID, mit der Ausnahme, dass die PID bei Anzeichen auf schwere Behinderungen sowie Todgeburten oder der Tod im ersten Lebensjahr angewendet werden darf.

Es bleibt allerdings die umstrittene Vereinbarkeit der PID mit dem Grundgesetz der Bundesrepublik Deutschland, die auch von vielen Verfassungsrechtlern vertreten wird.

11.0. Fazit

„Die Bewertung der PID erfordert nicht nur eine Überprüfung und Reflexion ihrer grundlegenden Charakteristika und Potenziale, sondern auch der Voraussetzungen und möglichen Konsequenzen ihres Einsatzes."[42]

Die Frage, ab wann menschliches Leben vorliegt, ist eine sehr umstrittene, aber zentrale Frage, die jeder für sich selbst klären muss. Viele Experten sehen den Beginn des menschlichen Lebens mit Verschmelzung der Samenzelle mit der Eizelle. Wenn nicht ab diesem Zeitpunkt wann dann? Etwa mit der Geburt? Dies wäre jedoch viel zu spät. Meiner Meinung nach besteht menschliches Leben mit der Verschmelzung von Samen- und Eizelle. Somit ist dieses menschliche Leben von Begin an schützenswert und muss durch den Staat geschützt werden.

Die PID ist ein Instrument der Selektion, sie wird dazu in Gang gesetzt, „um den Wunsch nach einem genetisch gesunden Kind zu erfüllen."[43] Jene Eltern, die Erbkrankheiten in sich tragen, würden die PID dazu nutzen, um Krankheiten und Behinderungen ihrer Kinder auszuschließen. Sie bezeichnen es damit als unzumutbar, dass sie eingeschränkte oder behinderte Kinder bekämen.

Andererseits ist es keine Unzumutbarkeit für die Eltern, die PID zu verbieten, denn es steht den Eltern nämlich frei auch auf eine eigene Schwangerschaft zu verzichten. Es steht ihnen auch frei anstatt dessen, z.B. Kinder zu adoptieren.

Außerdem darf die PID als Methode der gezielten Selektion vom Rechtsstaat nicht grundsätzlich erlaubt werden, da sonst ein sogenanntes „Designerbaby" entstehen könnte, bei dem Geschlecht, Augenfarbe, Körperbau und Talente festgelegt werden könnten. Ferner werden bei der PID Embryonen ausgelesen, die mit großer Wahrscheinlichkeit eine Behinderung in sich tragen. Die PID ist also auch eine Anwendung, die darüber entscheidet, ob ein Leben lebenswert

---

[42] Stellungnahme des Deutschen Ethikrates zur Präimplantationsdiagnostik, Berlin 2011, http://www.ethikrat.org/dateien/pdf/stellungnahme-praeimplantationsdiagnostik.pdf. S. 22 [19.10.2011]
[43] Prof. Dr. Dr. Böckenförde, Ernst-Wolfgang. *Menschenwürde „Dasein um seiner selbst willen".* Dtsch Arztebl 2003; 100: A 1246-1249 [Heft 19]

ist oder nicht. Es wird damit wie selbstverständlich darüber geurteilt, dass ein Mensch mit Behinderung nicht leben soll. Dies verstößt gegen das Grundgesetz der Bundesrepublik Deutschland, denn so steht in Artikel 3, Absatz 3 GG geschrieben: „Niemand darf wegen seiner Behinderung benachteiligt werden"[44], also hat auch ein Mensch mit Behinderung ein Recht auf Leben, das zudem lebenswert und erfüllt sein kann.

Die Entscheidung des Bundesrates bezüglich der PID ist für Deutschland nur bedingt tragbar. Zwar kann man mit der PID Todgeburten oder den Tod des Kindes im ersten Lebensjahr ausschließen, jedoch besteht die Frage, ob Eltern, die eine genetische Disposition haben und dies wissen, nicht besser in diesem Falle auf eine eigene Schwangerschaft verzichten.

Mit der künstlichen Befruchtung greift man in den Entstehungsprozess des Lebens ein. Mit der PID betreibt man eine unnatürliche Selektion, die an die dunkelsten Zeiten deutscher Geschichte des Dritten Reichs erinnern und die man nach 1945 nicht mehr betreiben wollte. Es besteht nun die Gefahr eines sogenannten „Dammbruches", dass das Verbot mit begrenzter Zulassung in Einzelfällen, der erste Schritt ist, um bei Weiterentwicklung der Techniken in einigen Jahren die Anwendung in weiteren Einsatzgebieten zuzulassen.

Zum aktuellen Gesetz des Bundestages und des Bundesrates denke ich, dass die recht starken Einschränkungen des Gesetzgebers, in welchen Fällen die PID angewendet werden darf und in welchen nicht, zumindest den Missbrauch der PID verhindern können. Angemessene Maßnahmen im Zuge des „Gesetzes zur Regelung der PID" war, dass eine verpflichtende Beratung der Eltern stattfinden muss und dass eine unabhängige Ethikkommission in den einzelnen Fällen entscheiden kann, ob eine PID im betreffenden Fall durchgeführt werden darf oder nicht. Diese Maßnahmen wirken kontrollierend, wie auch die Einschränkung, die PID dürfe nur in lizenzierten Zentren durchgeführt werden.

Persönlich denke ich, auch aufgrund des zu bezweifelnden Erfolges der PID, dass wir nicht darüber entscheiden können, ob ein Leben – auch das eines Behinderten – lebenswert ist oder nicht. Niemand kann sich anmaßen über

---

[44] Grundgesetz für die Bundesrepublik Deutschland. Hrsg von der Bundeszentrale für politische Bildung. Bonn, August 2006. Artikel 3 GG (3), Seite 11

diese Frage entscheiden zu können. Wir kennen das aus dem Alltag. Es ist schnell gesagt: „Naja, so leben wie der, wollte ich nicht." Aber grundsätzlich wissen wir meist nicht fundiert genug darüber Bescheid, wie der oder die überhaupt leben. Erst recht wissen wir nicht, wie dieser Mensch denkt. Nur das entscheidet über die Lebenswürdigkeit des Lebens des Einzelnen. Dieser Aspekt wird in der Debatte um die PID häufig vergessen.

Das Gesetz des Bundestages sieht vor, dass die Bundesregierung in einem Jahr einen Bericht über den Erfolg mit der PID verfassen muss. Es wird sich in der kommenden Zeit also zeigen, ob eine andere Umgehensweise mit der PID notwendig wäre.

Glossar

Totipotenz: die Fähigkeit von Zellen, einen vollständigen bzw. eigenständigen Organismus zu bilden. Bei Säugetieren sind nur frühe Embryonen (i.d.R. bis zum 8-Zellstadium) *totipotent*; danach wird die Fähigkeit, sich in die unterschiedlichsten Zelltypen zu differenzieren, als *pluripotent* bezeichnet. Pflanzenzellen behalten, von Ausnahmen wie zellkernlosen Zellen des Phloems abgesehen, ihre T. bei; isolierte Einzelzellen können z.b. durch die Behandlung mit Phytohormonen dazu gebracht werden, eine neue Pflanze zu bilden („regenerieren"). (nach Spektrum Akademischer Verlag, online: *http://www.spektrumdirekt.de/abo/lexikon/biok/11933*) [23.11.2011]

Pluripotenz: Pluripotente Stammzellen sind nichtembryonale Zellen, die sich zu jedem Zelltyp eines adulten Organismus entwickeln können. Im Unterschied zu totipotenten Zellen sind sie nicht mehr in der Lage, komplette Organismen zu bilden. Pluripotente Zellen kommen z.b. im Nabelschnur oder Knochenmark vor. (nach Science-at-home online: *http://www.science-at-home.de/lexikon/lexikon_det_00160601180017.php*) [28.11.2011]

Abkürzungsverzeichnis

PID	Präimplantationsdiagnostik
BGH	Bundesgerichtshof, *Sitz: Karlsruhe*
BVG	Bundesverfassungsgericht, *Sitz: Karlsruhe*
ESchG	Embryonenschutzgesetz
ESHRE	European Society of Human Reproduction and Embryology, *europäische Fachgesellschaft, Sitz: Grimbergen (Belgien), Gründung: 02.11.1985 in London*
IVF	in-vitro Fertilisation, *Befruchtung im Reagenzglas*
DIR	Deutsches IVF-Register, *Register zur Erfassung von Daten der IVF zur Qualitätssicherung in der humanen Reproduktionsmedizin, Gründung: 1982*

Literaturverzeichnis

Primärliteratur

Böckenförde, Ernst-Wolfgang Prof. Dr. Dr.: *Menschenwürde „Dasein um seiner selbst willen"*. Dtsch Arztebl 2003; 100: A 1246-1249 [Heft 19]

Bundesrat, Bundesanzeiger: *Gesetzesbeschluss des Deutschen Bundestages. Gesetz zur Regelung der Präimplantationsdiagnostik. Drucksache 480/11. 02.09.11* http://www.umwelt-online.de/PDFBR/2011/0480_2D11.pdf [17.10.2011] S.1

Cicero Online. Magazin für politische Kultur. *PID-PRO „Wir leben nicht in einem Staat mit katholischer Scharia" INTERVIEW MIT MATTHIAS BLOECHLE* http://www.cicero.de/berliner-republik/%E2%80%9Ewir-leben-nicht-einem-staat-mit-katholischer-scharia%E2%80%9C/41344. [14.11.2011]

Deutscher Bundestag. *Gesetzesentwurf zur begrenzten Zulassung der PID. Drucksache 17/5452. 12.04.2011.* http://dipbt.bundestag.de/dip21/btd/17/054/1705452.pdf [18.10.2011] S. 2

Deutscher Bundestag. *Gesetzesentwurf zur Regelung der PID. Drucksache 17/5451. 12.04.2011.* http://dipbt.bundestag.de/dip21/btd/17/054/1705451.pdf [18.10.2011] S. 3

Deutscher Ethikrat. *Auftrag*. http://www.ethikrat.org/ueber-uns/auftrag [09.11.2011]

Deutscher Ethikrat. *Gesetz, BGBl. I S. 1385*. http://www.ethikrat.org/ueber-uns/ethikratgesetz [09.11.2011]

Deutscher Ethikrat: Stellungnahme zur Präimplantationsdiagnostik, Berlin 2011, http://www.ethikrat.org/dateien/pdf/stellungnahme-praeimplantationsdiagnostik.pdf. [19.10.2011]. S. 8, 14, 22, 23, 24, 25, 28, 170

Grundgesetz für die Bundesrepublik Deutschland. Hrsg von der Bundeszentrale für politische Bildung. Bonn, August 2006. S. 11

heute.de: *PID: Bundestag stimmt für begrenzte Zulassung*. http://www.heute.de/ZDFheute/inhalt/5/0,3672,8252357,00.html [01.11.11]

Stichwort „Präimplantationsdiagnostik". In: **Lexikon der Biologie**. *11. Band Phallaceae bis Resistenzzüchtung*. Heidelberg (Spektrum). Seite 239

Lochner. *Breite Front gegen PID*. www.stoppt-pid.de/beitraege/breite_front_gegen_pid. [15.11.2011]

Science-at-home, online: *http://www.science-at-home.de/lexikon/lexikon_det_00160601180017.php*) [28.11.2011]

Spektrum Akademischer Verlag, online: *http://www.spektrumdirekt.de/abo/lexikon/biok/11933*) [23.11.2011]

Spiegel Online: *Entscheidung über PID. Bundestag erlaubt Gentests bei Embryos.* http://www.spiegel.de/wissenschaft/medizin/0,1518,772905,00.html [01.11.11]

Sekundärliteratur

Deutscher Bundestag. *Gesetzesentwurf zum Verbot der PID. Drucksache 17/5450. 12.04.2011.* http://dipbt.bundestag.de/dip21/btd/17/054/1705452.pdf [18.10.2011]

Deter, Gerhard Dr. Dr. / Böhmer, Hannah. Fachbereich WD 9, Gesundheit, Familie, Senioren, Frauen und Jugend Deutscher Bundestag: Aktueller Begriff: Präimplantationsdiagnostik (PID)

Frankfurter Allgemeine Zeitung Online: *PID: Nicht unbedingt ein Verstoß gegen die Verfassung* http://www.faz.net/frankfurter-allgemeine-zeitung/politik/pid-nicht-unbedingt-ein-verstoss-gegen-die-verfassung.html [19.11.2011]

Müller-Erichsen, Maren: „Ethik und Biomedizin. Der Umgang mit menschlichen Embryonen aus der Sicht der Betroffenen und deren Eltern". In: *Politische Studien. Sonderheft 1/2002. Ethik und Biomedizin. Der Umgang mit menschlichen Embryonen.* Hrg. Von Hanns Seidel Stiftung eV. München (Atwerb) 2002. S. 84 - 89

Pilath, Monika. Das Parlament: *Entscheidung zur PID offen.* http://www.bundestag.de/dasparlament/2011/27/Innenpolitik/34994743 [29.09.2011]

Strowitzki, Thomas. Universität Heidelberg.: *Wunschkinder.* www.uni-heidelberg.de/presse/ruca/ruca08-1/03.html [11.11.2011]

Wirth Anna: „Fluch oder Segen?". In: pro. Christliches Medienmagazin, 2 (2011), S. 24-27